SUDOKU

100 PUZZLES WITH SOLUTIONS

EASY LEVEL **BOOK 4**

ISBN: 9781693666155
Copyright © 2019 Tim Bird.

A standard Sudoku puzzle consists of a grid of 9 blocks. Each block contains 9 boxes arranged in 3 rows and 3 columns.

Column   Block   Box

8	4	1	7	9	6		3	2
			2	5	4	8	1	
6	2	5	3	1		9	4	7
2		8		3	7	4	5	1
3		7	4	8		2	6	9
	5	6	9		1			8
5							2	3
1	6	3	8	4	2	7	9	5
9	7	2	5	6	3	1	8	4

— Row

The Basic Rules of Sudoku:

- There's only one solution to a Sudoku puzzle. A puzzle is considered solved when all 81 boxes contain numbers by following the Sudoku rules.
- When you start a game of Sudoku some blocks already have numbers (fewer number make a harder puzzle). These numbers cannot be changed.
- Each column must contain every number from 1 to 9 and no two numbers in the same column can be duplicated.
- Each row must contain every number from 1 to 9 and no two numbers in the same row can be duplicated.
- Each block must contain every number from 1 to 9 and no two numbers in the same block can be duplicated.

Here's the solved puzzle:

8	4	1	7	9	6	5	3	2
7	3	9	2	5	4	8	1	6
6	2	5	3	1	8	9	4	7
2	9	8	6	3	7	4	5	1
3	1	7	4	8	5	2	6	9
4	5	6	9	2	1	3	7	8
5	8	4	1	7	9	6	2	3
1	6	3	8	4	2	7	9	5
9	7	2	5	6	3	1	8	4

Puzzle 1

		6	4			5	8	3
4	5	3		2	8	7	1	6
7	8	1	6	5	3		4	9
3	7	8	2	6	5	4	9	1
	6	5	8	4	9	3	2	7
			1	3	7	8	6	5
8	3		5	1			7	2
6		7	3	8	2		5	4
5			7	9			3	8

Puzzle 2

	7		3	5	6	2	9	
9	6	3	2	7	4		8	5
4	2	5	8	1	9	3	6	7
7		2		8	1			6
5	9	6	4	2	3	8	7	1
				6	7			2
6			7	9	2		1	3
	5		1	4	8	6	2	9
2	1	9	6	3	5	7	4	8

Puzzle 3

	6	3	1		9	7		8
2	1	4	7		6	3	9	5
7	9	8	2	3	5	4		6
8	5			7	1	2	4	9
		7	6		2			1
	2	1			4	6		3
			5	2	8	1	6	7
6	8	2	9	1	7	5	3	4
1	7	5	4	6	3	9	8	2

Puzzle 4

7	1	6		9		5	2	4
4	2	9	6	7	5	1	3	8
8		5	2	1	4	6	7	9
6	8	1	5	3	9	2	4	7
9	7	2	4	8	1	3	5	6
3	5	4	7	6	2	9	8	1
2	9	3	1	4	7	8	6	5

Puzzle 5

7	9	8	2	6	3	4	5	1
2	6	4	5	9	1	7	3	8
3	5	1				2	9	6
4	8	2	3		5	9	6	7
5	1				9	3	4	2
				4	2	1	8	5
		5		3	8	6	2	4
		3		5		8	7	9
8	4			2		5	1	3

Puzzle 6

8	6	3	9		1			
2	1	9	5		8	6		
7	5	4	2	6	3	9	8	
4	8	6	7	2	5	3	1	9
1	9	2	3	8	6	7	5	4
3	7		4	1	9			
	4	1	8	3	7		6	
		8	6	9	4		3	
6	3		1	5	2	4	9	8

Puzzle 7

1	5	7	8	4	3			
9	6	4	2	5	7	3	1	8
2	3	8		9		5	4	7
7	1	9	5		2	8	3	4
5	8	3	4	7	9			1
6	4	2	3	1	8	9	7	5
3	7	1	9	2	5	4	8	6
8		6	7	3		1	5	
4						7		3

Puzzle 8

1	6	5	8	9	7		4	
3			4	5	1		6	
8	9	4	3	2	6	7	1	5
	2	9	6	7	5			
7	8	6	1	3	2	5	9	4
5	1		9	8	4		2	7
2		8	7	1	9	4	3	6
	3		5	4	8			
9	4	7	2	6	3		5	

Puzzle 9

9	3		7	2	5			
2	7		6	3	8	5		
5	8	6	9	1	4	7	2	3
3	1	2	8	4	6	9	5	7
4	5	9	3		2			
7	6	8	5	9	1			2
8	4	3	1	6	9	2	7	5
1	9	5	2	8	7			
6	2	7	4	5	3	1		

Puzzle 10

6	8	5	3	2	7	1	9	4
	4	1	6	9	5		3	
3	7	9	4	8	1	2	6	5
5	6			3	4			
1	9		2	5	6		4	
4	3	2		7	8	6	5	
8	5	6	7	4	2		1	
9	1	4	8	6	3	5		
7	2	3	5	1	9	4	8	6

Puzzle 11

6	1	2	7	3	9			
4	5	8	1	2	6	3	9	7
9	3		8	5		2	1	6
1	4		3		5			2
	7		2		1			
5	2	3	4	7	8	9	6	1
7	8	5	6	4	3	1	2	9
2	9	1	5	8	7	6	3	4
3	6	4	9	1	2			8

Puzzle 12

7	8	1	5	4	6	2	9	3
3	4	9		7		5	8	
6	2	5	9	8	3	1	4	7
1	9	2	4	6		8	3	5
8	6		3	1	5	4	2	9
			8	2	9		6	1
9	3	4		5		6	7	8
5	7	8	6	3	4			
				9	8	3	5	4

Puzzle 13

6	7	9	5	1	3	4	8	2
8	5	1	4	2	7	9	6	3
3	4	2			6	7	5	1
9	1	3			2	6	4	5
5	2	7			4	1	3	8
4	6	8	1	3	5	2	7	9
2	8	6	3	4	9	5	1	7
		4		5				6
		5						4

Puzzle 14

	4	7	9	2	5	6		8
6	5	9	1	8	3	7	4	2
	2	8	6	7	4	9		5
	9	1	3	5	6	8		
5				4	1			
4	8	3	2	9	7	1	5	6
9	1	5	4	3	8		6	7
			5	1	9	4	8	3
8	3	4	7	6	2	5	9	1

Puzzle 15

4		1	9		2	8	6	
8	2	3	1	7	6	5	9	4
6	9	7	5	8		3	2	1
2	4	6	3	9	5	1	7	8
9	7	8	4	2		6	5	3
1	3	5		6		2	4	9
	6	2		1	9	4		5
		4		5		9		
5		9		4		7		

Puzzle 16

3	9	2			1	4	6	
	1	5	3	4	6	8	9	2
6	8		2	7	9	5	3	1
4			1			9	2	6
8	6	9	7	2	5	1	4	3
					4		5	8
9		6			2		1	4
1	2	8	4	9		6	7	5
5	4	3	6	1	7	2	8	9

Puzzle 17

9	5			7	4		3	6
1		6		3	9	2	4	
4		3	6	2		9	5	1
	1	9		4		3	7	8
8	6	7	3	1	5		2	9
	3	4		8	7	6	1	5
	4	8	7	5	2	1		3
7	2	1	8		3	5	6	4
3	9	5	4	6		7		

Puzzle 18

5	2		4	8	3	9	6	
9		8		2	6	4	5	1
4	7	6		9		3		8
	9	4		7			8	
3	8			6	4	1	7	2
		7	2	3	8	5	9	
1	4	2	6	5	7	8	3	9
7	5	3	8	4	9	2	1	6
8	6	9	3	1	2	7	4	5

Puzzle 19

9	3	1	2	6	5	8	4	7
5	8	6	4				2	1
4	2	7			8		5	6
	9	5	6		4			8
	6			5	9			4
3	1	4	7	8	2	6	9	5
1	7	9	8		3	5	6	2
6	5	2	9	7	1	4	8	3
8	4	3		2	6	7	1	9

Puzzle 20

			8	9	6	5		1
6	1	9	5	3	7	2	8	4
			1	4	2	9		6
		7	6	5	3	1	2	9
	6		9	1	8	7	4	3
3	9	1	7	2	4	8	6	5
			2	6	9	3	1	7
9	7	6	3	8	1	4	5	2
1			4	7	5	6	9	8

Puzzle 21

	6	9	7		8	4		
1	2	8	9	4	6	7		
3	4	7	1	5	2	8	6	9
4	5	2		1	9	6	3	7
9	7	3	4	6	5			
6	8	1	3	2		9		
2	9		6	8	1	3	7	4
	1	4		9	3	2	8	
8	3	6	2	7		5	9	

Puzzle 22

		2	9			8		7
7		8	2					9
	9	6		7	8	2		1
2	3	7	9	1	4	6	8	5
1	5	4	6	8	2	7	9	3
6	8	9	7	5	3			2
4	2	5	8	3	1	9	7	6
8	7	1	5	6	9	3	2	4
9	6	3	2	4	7			8

Puzzle 23

1		9	2	8	3	4	7	6
			6	9		3	1	5
7	3	6	5	1	4	2	8	9
	2	5		3	6	8	4	
4	6	8	9		1	5	3	7
3	7	1	8	4	5	6	9	2
5		7	3	6		1	2	4
				5			6	3
6	1	3	4	7	2	9	5	8

Puzzle 24

7	5	8	6	3	9	2		1
	2		8	4	7	5	3	9
9	3	4	1	5	2	7	8	
3	6	7	2	1	8	9		4
5	8	2	7	9	4		6	3
4	1	9	3	6	5	8	7	2
	9	3	5			4	1	
1	4	5	9		3	6	2	
	7	6	4		1			

Puzzle 25

1	2	3	9	5	4	6		8
6	4	9		1	7	5		
	8	5	3		6	9	1	4
3			2	4	5	1	8	7
2	1	8	7	6	3	4	9	5
5	7	4	1	8		3	2	6
8	5	1	4	9		7	6	3
4	3	2	6	7	1	8	5	9
							4	1

Puzzle 26

9	4		6	1		7		
7	1	6	2			9	4	
5		8	7	4	9	1		6
2		5	4		7	8	1	9
4		9	1			2	7	3
1			9		2	5	6	4
8	5	4	3	2	1	6	9	7
3	9	1	8	7	6	4		
6			5	9	4	3	8	1

Puzzle 27

	6	7	8	3	4	1	2	9
	4		7		1	8	3	
8	1	3	2			7	4	5
1	8	9	4	2	3	6	5	7
2	7		1	8		4	9	3
4		5		7	6	2	1	
	5	1		4	7	9	8	2
6	2	4		9	8		7	1
7	9	8		1	2		6	4

Puzzle 28

3	9	7	2	5	1	4		
1	5	4	6	8	9	7	2	3
6	8	2	3	7	4			
9	4	1	8	3	2			
2	3	5	7		6		4	
7	6	8	4		5			2
8	7	9	1	6	3	2	5	4
4	1	6	5	2				9
5	2	3	9	4				

Puzzle 29

9	4	3	8	5	1	2	6	7
8	6	2	4	9		5	1	3
	5	7	6		3			
5	9	6				7	3	4
2		4		3	6	9	8	
3		8		4	9	6	2	
7	2	9			4	1	5	6
4	8	1	9	6	5	3	7	2
6	3	5	1	7	2			

Puzzle 30

1	2			7				
6	3			5	1		2	9
8	9		4	3	2		1	6
4		9	3	6	8	2	5	7
7	8	3	2	9	5	1	6	4
5	6	2	7	1				
2	7	1		8	3			5
3	5	8	1	4			7	2
9	4	6	5	2	7	3	8	1

Puzzle 31

7			6	4			8	3
			8	3			7	4
4	3	8	7	2	1	5	9	6
8	4	5	1	6	3	9	2	7
			9	5	4	8	3	1
	1	9	2	7	8	6	4	5
	6	4		8		7	5	9
	2	3	5	1	7	4	6	8
5	8	7	4	9	6	3	1	2

Puzzle 32

7	9	1	6		2	3	4	5
2	5	8	9	4	3	1	6	
	6	3				2	8	9
5	2		3		4	8		1
8	4	9		1	5	6		3
3	1	6	8	2	9	7		4
9	8			5			3	6
1	3		2	9	6	5	7	8
6	7	5	4	3	8	9	1	2

Puzzle 33

		8	5	2	4	6	1	9
2	9	5	3	1		8	7	4
1	6	4	9		8	2		
8			7	9	5	1	4	6
9	1	6	4	8	3	7	2	5
	4	7	1	6	2	3	9	8
4			6		7	9	8	
6	8	1	2	4	9	5	3	7
		9	8		1		6	

Puzzle 34

		3	7	4	9		5	1
7	1			8	2	3	9	6
5			3	1	6	2	4	7
3	5	7	1		4	9	6	8
				3	5	1	7	
		1		7	8	5	3	
	7		4	5	3	6	1	9
9	4	5	8	6	1	7	2	3
1	3	6	2	9	7	4	8	5

Puzzle 35

			1	9	4	6	8	5
8	9	6	5	3	2	4	1	7
4	1	5	6	8	7	3	2	9
2	6	4	9	7	1	5	3	8
1	8	9	4	5	3	7	6	2
	5		2	6	8	1	9	4
9				6			5	1
6				1	5	9		3
5		1			9			6

Puzzle 36

1	2	5	4	3	7	8	9	6
8	6	7	5	2	9		4	3
4			8	6	1	5	2	7
2			6	5	8	9		4
9	8	4	7	1	3	6	5	
5		6	9	4	2		8	
7		8	3	9	6	2	1	5
6	5	2	1					
			2	7	5	4	6	8

Puzzle 37

9	2	6	3	4	8	1	7	5
8	1	4	2	5	7	6	3	9
			6	1	9	8	4	2
2		9	8	6		3	1	
4		1	7	3	2	9	5	8
	8		1	9		2	6	
1	4			2	3	7		6
	3			8	6	4		1
6	9		4	7	1	5		3

Puzzle 38

4	9	8	2	5	3	1	7	6
7	5	1	9	6		8		2
3	2	6	1	8	7	4	5	9
9	3	2	8	1	5	6	4	7
5	6	7	3	4	2	9	8	
8		4		7	9		2	
1	7				8	2	6	
2	4				6		1	8
6	8			2	1		9	4

Puzzle 39

1	3	4	6	7	9	5	8	2
6	9	2	1	5	8	4	3	7
7	5	8			3			1
4	8	7	3	6	5	2	1	9
9	2	6				3	5	8
3	1	5	8	9	2			4
	4	1		3	6			5
	6	9	5				4	3
5	7		9	8	4	1	2	6

Puzzle 40

3	7		4	8	9		5	6
9	4			6				8
		8			2	4	9	3
5		6		9	4	3	2	7
8	9	3	2		7		4	
7	2	4	6	3		5	8	9
2	3	7	9	4	6	8	1	5
4	6	5			8	9	3	2
1	8	9	3	2	5	7	6	4

Puzzle 41

6		2	7		4	9	1	
1	4	3		6	9	7		8
	7	9	8	1				4
4	2	1		8	6	3	7	5
3		7	5			8		1
8		5	1	3	7			
7	1	6	3	2	8	5	4	9
9	5	8	4	7	1		3	
2	3		6	9	5	1	8	7

Puzzle 42

5	4		2	3	6	8	1	7
3			4	7	8	2	5	9
8	2	7	1	5	9	4	3	6
6	5	8	7	2	1	9	4	3
4	9	3	8	6	5	7	2	1
1	7	2	3	9	4	6	8	5
	8			1		3	9	4
9		4		8				2
			9	4				8

Puzzle 43

	1		4	2	7		9	6
6	7	4		8	9	2	1	5
9	2	3	1	6	5	7	4	8
1	9	6	7	3	4	8	5	2
3		7	2	1	8	9	6	
4	8	2	9	5	6	1	7	3
7	3	9		4	2	6	8	1
2				9	1		3	7
		1		7				

Puzzle 44

9	4	7	8	2	1	3	6	
	1	2	6	9	5	4		7
5	8	6	3	4	7		1	9
4	7	1	9				2	3
6	2			3			9	1
	3	9			2		5	4
1	9	4	2	8	3	5	7	6
2	6		5	7		1	4	
7	5	8				9	3	2

Puzzle 45

8	7	9		2	3	5	4	
	4		7		9	3	1	2
2	3	1	6		5			
6	5	8	9		4		2	
7	1	2	5	3	8		9	4
4	9			6	1	7	8	5
1	8	5		9	6	2	3	7
9	2	4	3	5	7	8	6	1
3	6	7	8	1	2	4	5	

Puzzle 46

3	8	7	1	6	4	9	2	5
	1	4		5	9		8	
2	5	9	7	8	3	4	1	
4	6	8	5	9	2			1
9	7	2	3	4	1	5	6	8
5	3	1	6			2	4	9
1	4		8		7	6	9	
8	9	6	4			1		
7	2		9	1	6	8	5	4

Puzzle 47

7	8		3	9	5		1	4
9	1		4	2	8			
4	5		6	7	1	9	8	
3	2	1		6	9		4	
	4	9		1	3			
6	7	8	5	4	2	1	3	9
1	9	7	2	8	4	3	5	6
2	3	4	1	5	6		9	
8	6	5	9	3	7	4	2	1

Puzzle 48

	6	1	3	7			4	8
7	8	2		9	4	3	6	
	4	3	8		6		7	
2	1		9	8	3		5	6
4	3	6	2	5	7	8	1	
8	9	5	6	4	1	7	3	2
3	5	9	4	6	8	1	2	7
6		4			9	5	8	3
1		8		3		6	9	4

Puzzle 49

1	6	8			2	9	3	5
	2		9	5	1	6	7	8
	5	7	8	6		4	1	2
7	8				9	3		6
5	3	4	6	1	7	2	8	9
2	9	6	3	8	5		4	1
3	4		1	9	6		2	
8	1	9			4	5	6	3
6	7	2		3	8	1	9	4

Puzzle 50

	4	3	1		6	9		2
	9	1	7		2	4		3
	2	8	3			5		
	1	7	9	4	3	8	5	6
9	3	5	6	7	8	1	2	4
8	6	4	5	2		7	3	9
3	8	9	2	1	7		4	5
4	5	2	8		9	3		
1	7	6	4	3	5	2	9	8

Puzzle 51

9	5			4	1	3		
2	8			7	5	4	6	
		7			2		9	8
	9			3	6	7	1	5
1	3	4	2	5	7		8	
7	6	5	1	8	9	2	4	3
6	7	9	5	1	4	8	3	2
3	4	1	7	2	8		5	
5	2	8	6	9	3	1	7	4

Puzzle 52

2	9	6	4	5		8	1	
1		8	6	9				
	3		8		1		9	4
5	8	9	3		2	4	7	1
6	1	4	7		5			9
	7		9		4	5	8	6
		1	5	7		3	6	8
9	6	7	2	3	8	1	4	5
8	5	3	1	4	6	9	2	7

Puzzle 53

3	6	1		8		5	2	4
9	7	4				6	3	8
8	5	2	4	6	3	1	9	7
5	3	8			4	7	6	2
	4	9			2	8	1	5
2	1		6	5	8	3	4	9
7	9	3	8	4	6	2	5	1
	2	5					8	6
	8	6					7	3

Puzzle 54

	9		3	8			7	4
3	4	1	5	9	7	8	2	6
			1	2	4	5	3	9
8	1	6	7		3			
5	7	9	2	4		3	6	1
4	3	2	9		1	7	8	5
	5	7	6	3	2	9	4	
6	8	3	4	1	9		5	7
	2		8			6	1	3

Puzzle 55

	6	7	9	8			4	1
			6			7	8	
	8	1	4	7			6	
1	9	8	7	4	6	2	5	3
	2		1	3	9	6	7	8
		6	5	2	8	9	1	4
6	5	3	8	9	4	1	2	7
			3	6	1	8	9	5
8	1	9	2	5	7	4	3	6

Puzzle 56

8	3	2		6		4	5	7
1		9	8	7	4	2	6	3
4	7	6	5	2	3	8	9	1
3	1		4	9	6	7	2	5
6		5	2		7	3		4
7		4	3	5		9		6
9	8	7	6	3	5	1	4	2
5	4				2	6		
2	6			4		5		

Puzzle 57

3	6	1		7		4		
5	4	2		3	9	7		1
9	8	7	5	4	1	3		2
		6	9	1				
2	5	9	7	8	3	1	4	6
1	3		4	2	6	5	7	
	2	3	1			8		4
8	1	5	3	6	4	9	2	7
7	9	4	2	5	8		1	3

Puzzle 58

	2		8					
			7		2			
			3				2	
8	1	9	6	3	4	2	5	7
5	7	3	1	2	9	8	4	6
6	4	2	5	8	7	3	1	9
2	9	6	4	5	8	1	7	3
1	3	5	2	7	6	9	8	4
4	8	7	9	1	3	5	6	2

Puzzle 59

	6	4	1	7	5	9		8
	8	5			9	7	6	1
9	7	1	8		6	5		4
6	3	9			1	8	5	7
5	4	2	9	8	7	6	1	3
7		8	6			4	9	2
4	2	6	5	1	8	3		9
1				6	4	2	8	5
8	5			9	2	1	4	6

Puzzle 60

7			4	8			9	2
9		6		7		4	3	8
8		4		6	9	5	7	1
1						7	8	4
3		2	8			1	5	6
5	8	7	6	1	4	9	2	3
2			9	3	6	8	4	7
6	9	3	7	4	8	2	1	5
4	7	8	1			3	6	9

Puzzle 61

1	7	2	8	5	6	9	4	
9	6	8	1	4				5
	3		7	9			8	6
7	8	3	4		5	2		1
6	4	1	9	2	7	5	3	8
5	2	9		8	1	4	6	7
	9		6	1	8		5	4
3	5	6	2	7	4	8	1	9
8		4			9	6	7	2

Puzzle 62

8	1	2	9	7		3		5
9	4	6				8		
7	5	3		2	6	4	9	1
4	6	5	7	9	3			
1	2	9	6	8	5	7		4
	7	8	1	4	2	9	5	6
2	9	7	4	5	8	6	1	3
6	3	4	2	1		5		
5	8	1	3	6		2	4	

Puzzle 63

5	2	6	1	7	3	9		
	1		8	5	4	7	2	6
7	4	8	6	2	9	5	3	1
1	9	7	3	8	6	4	5	2
2	3	4	5	9	1	8	6	7
6	8	5	7	4	2	1	9	3
	6			1		2	7	
	7	1	2					
	5	2			7		1	

Puzzle 64

6	1	2				3		8
9	4		8	3	1	2	6	7
7		3	9	6	2	1	4	5
	6	8	7	4	9			2
			1			7		6
1	2	7	5	8	6	4	3	
8	5		3	1	7	9	2	
2		9	6	5	4	8	7	1
4	7	1	2	9	8	6		

Puzzle 65

8		2	4	3	6	9	1	5
5	9		7		2	8		
1	3		8	9	5		7	2
6	1	9	2	5	3		8	4
3	4	5	6	8	7	2	9	1
7	2	8	9	4				
2	8	7	1	6	4			9
9	5	1	3	2	8			7
4	6		5	7	9	1	2	8

Puzzle 66

6			2			4		
9		7	4		6	5	2	1
4			9			6	3	8
5		3			7	8	4	2
	2	6	8	5	4		7	3
7		8	3	2	9	1	5	6
2			6	9	3	7	8	4
8	7	4	5	1	2	3	6	9
3	6	9	7	4	8	2	1	5

Puzzle 67

6	1	3	2	9	4	7		8
		9	5	8	6			2
5	8	2				6	9	
	6	1	9	5			8	3
4	3	5	6		8	9	1	7
8	9	7		4		2	6	5
9	5	4	8	1	2		7	6
1	2		7	3	5	8	4	9
3	7	8	4	6	9	5	2	1

Puzzle 68

3	9	8	2	1	7	5	6	4
7		2				1	8	3
4		1	8			9	2	7
5	4	6	3	7	2	8	9	1
9	8	3		5		7		2
1	2	7	4	9	8	3	5	6
2	3	5	7	8			1	9
8	7	4					3	5
6	1	9	5				7	8

Puzzle 69

8	4	3	9	7	1	2	6	5
9	5	2	6	3	8	1	4	7
6	7	1	5			3	9	8
1	8						5	
2	9		3	5		6	8	1
5	3		8	1			2	4
7	6	8	1	9	5	4	3	2
3		9		8		5		6
4		5		6	3	8		9

Puzzle 70

8	9	7	1	3	6			
2	3	5	7	4	8	9	6	1
1	4	6	9	2	5	8	3	7
5	6	9	4	8	7	2	1	3
7	8	2	3	1	9	6		
4	1	3	5	6	2	7		8
3		8	2	9	4	1		6
9			6			3	8	
6		1	8		3			9

Puzzle 71

6		9	1			8	5	
	1	8	5	9	6	7	3	
3	7	5	8	4	2	9	6	1
	6	3		5		2		7
9	5		2			4		6
				6		3		5
5	9	6	3	2	4	1	7	8
1	3	2	7	8	5	6	4	9
7	8	4	6	1	9	5	2	3

Puzzle 72

6	8	4	9	1	2	3	5	7
	5	9	7		3			
	3	7	6	4	5	9	8	
9		8	1	5	7			
4		1	3	2	6	5	9	8
3		5	4	9	8		7	
8	4	3	2	7	9	6	1	5
5	1	6	8	3	4	7	2	9
7	9	2	5		1	8		

Puzzle 73

4	1		6		5		3	9
9	6	5	4			1		8
7	3		9	1		6	4	5
3		6	7	9	4	8	5	1
1	8	9	3	5	6			4
5	7		1			9	6	3
8	5	1	2			4	9	
6	9	7	5	4	1		8	2
2	4	3	8	6	9	5	1	7

Puzzle 74

8	4	7	5	3	6	1	9	2
5	2	1	9	7	4	8	6	3
6	9	3	1	2	8	4		5
1	7	6	3		5	2	4	8
9	3	8		4	1	6	5	7
4		2	6	8		9	3	1
2				1	9	3	8	4
3	8	9	4		2		1	6
7								9

Puzzle 75

4	1	8	2		3	9		
7	9	3	1		4	2	8	
6	2	5	9	8	7	4	1	3
3	4		5		8			1
8	5	1	7	9	6	3	4	2
2	7	6	4	3	1	5	9	8
1	3	2	6	7	9	8	5	4
9	8	4	3	1			2	
5	6	7						9

Puzzle 76

	8	9			3		1	7
		3			1	4	9	8
	1			8	9		2	3
9		8	1	4	5		3	6
	3		8	9	6		4	1
1	4	6	3	7	2	8	5	9
8	5	1	2	3	7	9	6	4
3	9	4	5	6	8	1	7	2
			9	1	4	3	8	5

Puzzle 77

9	4		3			2	7	5
	6	2	1	4		8	9	3
8	7	3	9			4	1	6
6	3	7		5		1	8	4
1		9					6	
2		4	7	1	6	5	3	9
3	1		5	7	2	9	4	8
4	9	5	6	8	1	3	2	7
7	2	8	4	9	3	6	5	

Puzzle 78

7	8		4	1	2	5	9	6
2		5	6	8	9	3		7
9		6	5	7	3	8	2	
	7	8	3		6	2		
		1	2		8	6	7	3
6	3	2	7		1			8
1	2	7	8	3	5		6	
8	6	9	1	2	4	7	3	5
3	5	4	9	6	7	1	8	2

Puzzle 79

4	1	5	6	8	3	7	2	9
8	7	9			4	3	6	5
			5	9	7	4	8	1
7	8	4	9	5	6	2	1	3
3	9	2	8	7	1	5	4	6
5	6	1	3	4	2	9	7	8
9		7		8				4
		8	4		9			7
	4		7		5	8	9	2

Puzzle 80

3		9		2		7	5	8
	6	4	5	1	8	9	2	3
5		2	7	3	9			1
8		1			3		7	9
4	7		8	9	1		6	2
	3	6	2		7	1	8	4
6		3	1	8	5	2	9	7
2	9	7	3			8	1	5
1	5	8	9	7	2	4	3	6

Puzzle 81

5	8	7					4	
6	2	9	7	4	1	8	5	3
	3	4		5	8		9	
2	1	6	8	7	4		3	5
8			9	6	5			1
9		5	1	3	2		6	8
7	9	8	3	2	6	5	1	4
3	5	2	4	1	7	6	8	9
4	6	1	5	8	9	3		

Puzzle 82

1	4	2	3	7	8	5	6	9
	5	9	1	4	6	7	2	
		6	5	2	9		1	4
	2	1		5	3	6	7	8
7	6	3	8	1	4		5	
9	8	5		6	7		4	1
5	1	8	7				3	6
2		4	6	8	5	1	9	
	9		4	3	1	2	8	5

Puzzle 83

5	9		8	2	6	4		1
		8	4	5	1	2	9	7
4	1	2	9	3				
7		6		4		1		8
3	8		5	1		6	7	
1		4	6	7	8	3		9
9	6	5	2	8	4	7	1	3
8	7	3	1	6	5	9	4	2
2	4	1	7	9	3			

Puzzle 84

1	6	5	4	2	8	9	3	7
	4	9	3		6	5		2
	3	2	5	9		6		
9	1	7	8	3		2		6
5	8	4	7	6	2	3	9	1
3	2	6	9					
4	7	8	2	5	9	1	6	3
6	5	3	1			8	2	9
2	9	1	6	8	3			

Puzzle 85

4	1		8	9	3	5		6
6	5	8	7		2	3	1	
3	9		1	5	6			
8		9	2	1	7			3
5	2	3	4	6	9			
	4	1	3	8		9	6	
	8	4	6	3	1	7	9	5
1	7	5	9	2	4	6	3	8
9	3	6	5	7	8			

Puzzle 86

9	6	5	7	2		4	3	1
2	8	1		5		9		
3			9	6	1	8	2	5
8			1	9	2	6	5	7
	9	2				3	1	4
	1	6	4	3	5	2		9
4	2		6	1	7	5	9	
			5	8	9	1	4	2
1	5		2	4	3	7	6	8

Puzzle 87

3			5	4	2	9	8	
	5	2	6	9	8		7	
	9	8		7	3		5	
	4	9	7	5		6	3	8
7	8	6	9	3	4	5	1	2
	3	1	8	2	6	4	9	
9	2	3	4	1	7	8	6	5
	7	5	2	6	9	1	4	3
		4	3	8	5	7	2	9

Puzzle 88

2	8	4	1	6	7	3	5	9
5	9	6	3	8	2			
7	3	1	4	5	9	8		6
6	5	9	7	4	1	2		8
1	7	8	2	3	6	9	4	5
4	2	3	5	9	8	7	6	1
	4	7	6	1	3			2
	6	2		7	5			
	1	5	8		4	6		

Puzzle 89

	7	5	9	1			2	4
4	2		5		8			9
	1		2	6	4	5	3	
8		4	3	2		1	6	5
5	3	2		9	1		7	8
7	6	1	4		5	3	9	
1	5	9	8		2	7	4	6
2	4	7	1	5	6	9	8	3
3	8	6	7	4	9	2	5	1

Puzzle 90

6	2	8	3	7	9	1	4	5
7	9	5	1	8	4	6	3	2
3	1	4	5		6	8	7	9
1	6		9	5	8	4	2	7
2	8	9		4		5	1	3
4	5	7	2	1	3	9	6	8
	4		7					
9	7	6	8		1	2	5	4
	3		4			7		

Puzzle 91

	9	4	2	8	5	1		
	1	3	9			4		
5	8		3	1	4	2	9	6
1	7		6	4	8		5	
8		5	7	3		9	4	1
	3	2	1		9	7	6	8
9	5	8	4	2	1	6	7	3
		6	8	9	3	5	1	4
3	4	1	5	7	6	8	2	9

Puzzle 92

2	6		1					5
			6				2	1
5	1		2			8		6
		2	9	1	3	5	6	7
9	7	6	8			2	1	3
3	5	1	7	6	2	4	8	9
	9		3	2	1	6	5	4
1	2	5	4	9	6	7	3	8
6	3	4	5	7	8	1	9	2

Puzzle 93

6	5	8	7	9	2			1
2	4	7	3	6	1	9	5	
	1	9	8	5	4	7	6	2
7	6				9		8	5
	8	5			6			9
	9				8	6		7
5	3	6	9	2	7	8	1	4
8	7	1	6	4	5	2	9	3
9	2	4	1	8	3	5	7	6

Puzzle 94

	5	7	2	9	3	8	4	1
4	2	3		6	8	7	5	9
	8	1	4	5	7	6		
	9	8	5	1	6		3	2
5	1		7	3			8	6
2	3		9	8	4	1		
			3		9	5	6	8
3		9	8		5	2	1	4
8	4	5	6	2	1	3	9	7

Puzzle 95

	1	9			4	2	6	
	4		2			1	9	
7	2	5	6	1	9	3	8	4
	9	4		6		8	7	2
	7			4	2	5	3	9
2	5		7	9		4	1	6
5	6	7	3	2	1	9	4	8
9	3	2	4	8	6	7	5	1
4	8	1	9	5	7	6	2	3

Puzzle 96

7	3	2	1	5	6	4	8	9
6	4	9	2	7	8	3	5	1
5	8	1	9	4	3			
4	1	8	7	2	5	9	6	3
2	7	5	3	6	9	8	1	4
3	9	6	4	8	1			
	2	4	5		7		3	
	5	7	6	3				
	6	3	8					

Puzzle 97

3	8	6	4	7	2	1	9	5
7	1	4	6	9			2	3
9	2	5	3			4	7	6
1	3	2		4		5	6	8
8	4	7	1	5	6	2	3	9
6	5	9	8	2	3	7	1	4
5	7	3						
4	6	8					5	
2	9	1	5					7

Puzzle 98

	6	5	7	2			4	3
8	1		6		3	9		
4	7		5	1	9	2	6	8
2	5	4	3	6			9	1
6	3	1		8	4	7		
7	9	8	1	5	2	6	3	4
1			8	9		3		
	2	9	4	7	1	5	8	6
5	8	7	2		6	4	1	9

Puzzle 99

5	8	3	4	7	9	6	2	1
2	6	7	1	3	8	9	4	5
9	1	4	2		6	8	3	7
6	9	1	5	2	3	4	7	8
4	7	2	8	9	1	3	5	6
			6	4	7	2	1	9
			7				9	
1		9	3	8		7	6	
7			9				8	

Puzzle 100

2		1	8	4	3		5	9
9		4	2	1	6	7	3	
8	6	3	9	7	5		4	1
6	3	7	4	5	9	8	1	2
5	8	2	6		1	9		
	1		7	8	2	5	6	3
7	4	6	1	2	8	3		5
		5	3	9	7	4		
3	9	8	5	6	4	1		

Solutions

Puzzle 1

2	9	6	4	7	1	5	8	3
4	5	3	9	2	8	7	1	6
7	8	1	6	5	3	2	4	9
3	7	8	2	6	5	4	9	1
1	6	5	8	4	9	3	2	7
9	2	4	1	3	7	8	6	5
8	3	9	5	1	4	6	7	2
6	1	7	3	8	2	9	5	4
5	4	2	7	9	6	1	3	8

Puzzle 2

1	7	8	3	5	6	2	9	4
9	6	3	2	7	4	1	8	5
4	2	5	8	1	9	3	6	7
7	3	2	9	8	1	4	5	6
5	9	6	4	2	3	8	7	1
8	4	1	5	6	7	9	3	2
6	8	4	7	9	2	5	1	3
3	5	7	1	4	8	6	2	9
2	1	9	6	3	5	7	4	8

Puzzle 3

5	6	3	1	4	9	7	2	8
2	1	4	7	8	6	3	9	5
7	9	8	2	3	5	4	1	6
8	5	6	3	7	1	2	4	9
3	4	7	6	9	2	8	5	1
9	2	1	8	5	4	6	7	3
4	3	9	5	2	8	1	6	7
6	8	2	9	1	7	5	3	4
1	7	5	4	6	3	9	8	2

Puzzle 4

7	1	6	3	9	8	5	2	4
4	2	9	6	7	5	1	3	8
8	3	5	2	1	4	6	7	9
6	8	1	5	3	9	2	4	7
9	7	2	4	8	1	3	5	6
3	5	4	7	6	2	9	8	1
2	9	3	1	4	7	8	6	5
1	6	7	8	5	3	4	9	2
5	4	8	9	2	6	7	1	3

Puzzle 5

7	9	8	2	6	3	4	5	1
2	6	4	5	9	1	7	3	8
3	5	1	8	7	4	2	9	6
4	8	2	3	1	5	9	6	7
5	1	7	6	8	9	3	4	2
6	3	9	7	4	2	1	8	5
9	7	5	1	3	8	6	2	4
1	2	3	4	5	6	8	7	9
8	4	6	9	2	7	5	1	3

Puzzle 6

8	6	3	9	4	1	2	7	5
2	1	9	5	7	8	6	4	3
7	5	4	2	6	3	9	8	1
4	8	6	7	2	5	3	1	9
1	9	2	3	8	6	7	5	4
3	7	5	4	1	9	8	2	6
9	4	1	8	3	7	5	6	2
5	2	8	6	9	4	1	3	7
6	3	7	1	5	2	4	9	8

Puzzle 7

1	5	7	8	4	3	2	6	9
9	6	4	2	5	7	3	1	8
2	3	8	1	9	6	5	4	7
7	1	9	5	6	2	8	3	4
5	8	3	4	7	9	6	2	1
6	4	2	3	1	8	9	7	5
3	7	1	9	2	5	4	8	6
8	9	6	7	3	4	1	5	2
4	2	5	6	8	1	7	9	3

Puzzle 8

1	6	5	8	9	7	2	4	3
3	7	2	4	5	1	8	6	9
8	9	4	3	2	6	7	1	5
4	2	9	6	7	5	3	8	1
7	8	6	1	3	2	5	9	4
5	1	3	9	8	4	6	2	7
2	5	8	7	1	9	4	3	6
6	3	1	5	4	8	9	7	2
9	4	7	2	6	3	1	5	8

Puzzle 9

9	3	1	7	2	5	6	8	4
2	7	4	6	3	8	5	1	9
5	8	6	9	1	4	7	2	3
3	1	2	8	4	6	9	5	7
4	5	9	3	7	2	8	6	1
7	6	8	5	9	1	3	4	2
8	4	3	1	6	9	2	7	5
1	9	5	2	8	7	4	3	6
6	2	7	4	5	3	1	9	8

Puzzle 10

6	8	5	3	2	7	1	9	4
2	4	1	6	9	5	7	3	8
3	7	9	4	8	1	2	6	5
5	6	7	1	3	4	8	2	9
1	9	8	2	5	6	3	4	7
4	3	2	9	7	8	6	5	1
8	5	6	7	4	2	9	1	3
9	1	4	8	6	3	5	7	2
7	2	3	5	1	9	4	8	6

Puzzle 11

6	1	2	7	3	9	4	8	5
4	5	8	1	2	6	3	9	7
9	3	7	8	5	4	2	1	6
1	4	6	3	9	5	8	7	2
8	7	9	2	6	1	5	4	3
5	2	3	4	7	8	9	6	1
7	8	5	6	4	3	1	2	9
2	9	1	5	8	7	6	3	4
3	6	4	9	1	2	7	5	8

Puzzle 12

7	8	1	5	4	6	2	9	3
3	4	9	1	7	2	5	8	6
6	2	5	9	8	3	1	4	7
1	9	2	4	6	7	8	3	5
8	6	7	3	1	5	4	2	9
4	5	3	8	2	9	7	6	1
9	3	4	2	5	1	6	7	8
5	7	8	6	3	4	9	1	2
2	1	6	7	9	8	3	5	4

Puzzle 13

6	7	9	5	1	3	4	8	2
8	5	1	4	2	7	9	6	3
3	4	2	8	9	6	7	5	1
9	1	3	7	8	2	6	4	5
5	2	7	9	6	4	1	3	8
4	6	8	1	3	5	2	7	9
2	8	6	3	4	9	5	1	7
7	3	4	2	5	1	8	9	6
1	9	5	6	7	8	3	2	4

Puzzle 14

1	4	7	9	2	5	6	3	8
6	5	9	1	8	3	7	4	2
3	2	8	6	7	4	9	1	5
2	9	1	3	5	6	8	7	4
5	7	6	8	4	1	3	2	9
4	8	3	2	9	7	1	5	6
9	1	5	4	3	8	2	6	7
7	6	2	5	1	9	4	8	3
8	3	4	7	6	2	5	9	1

Puzzle 15

4	5	1	9	3	2	8	6	7
8	2	3	1	7	6	5	9	4
6	9	7	5	8	4	3	2	1
2	4	6	3	9	5	1	7	8
9	7	8	4	2	1	6	5	3
1	3	5	7	6	8	2	4	9
7	6	2	8	1	9	4	3	5
3	1	4	2	5	7	9	8	6
5	8	9	6	4	3	7	1	2

Puzzle 16

3	9	2	5	8	1	4	6	7
7	1	5	3	4	6	8	9	2
6	8	4	2	7	9	5	3	1
4	5	7	1	3	8	9	2	6
8	6	9	7	2	5	1	4	3
2	3	1	9	6	4	7	5	8
9	7	6	8	5	2	3	1	4
1	2	8	4	9	3	6	7	5
5	4	3	6	1	7	2	8	9

Puzzle 17

9	5	2	1	7	4	8	3	6
1	8	6	5	3	9	2	4	7
4	7	3	6	2	8	9	5	1
5	1	9	2	4	6	3	7	8
8	6	7	3	1	5	4	2	9
2	3	4	9	8	7	6	1	5
6	4	8	7	5	2	1	9	3
7	2	1	8	9	3	5	6	4
3	9	5	4	6	1	7	8	2

Puzzle 18

5	2	1	4	8	3	9	6	7
9	3	8	7	2	6	4	5	1
4	7	6	1	9	5	3	2	8
2	9	4	5	7	1	6	8	3
3	8	5	9	6	4	1	7	2
6	1	7	2	3	8	5	9	4
1	4	2	6	5	7	8	3	9
7	5	3	8	4	9	2	1	6
8	6	9	3	1	2	7	4	5

Puzzle 19

9	3	1	2	6	5	8	4	7
5	8	6	4	3	7	9	2	1
4	2	7	1	9	8	3	5	6
7	9	5	6	1	4	2	3	8
2	6	8	3	5	9	1	7	4
3	1	4	7	8	2	6	9	5
1	7	9	8	4	3	5	6	2
6	5	2	9	7	1	4	8	3
8	4	3	5	2	6	7	1	9

Puzzle 20

7	2	4	8	9	6	5	3	1
6	1	9	5	3	7	2	8	4
5	8	3	1	4	2	9	7	6
8	4	7	6	5	3	1	2	9
2	6	5	9	1	8	7	4	3
3	9	1	7	2	4	8	6	5
4	5	8	2	6	9	3	1	7
9	7	6	3	8	1	4	5	2
1	3	2	4	7	5	6	9	8

Puzzle 21

5	6	9	7	3	8	4	1	2
1	2	8	9	4	6	7	5	3
3	4	7	1	5	2	8	6	9
4	5	2	8	1	9	6	3	7
9	7	3	4	6	5	1	2	8
6	8	1	3	2	7	9	4	5
2	9	5	6	8	1	3	7	4
7	1	4	5	9	3	2	8	6
8	3	6	2	7	4	5	9	1

Puzzle 22

3	1	2	4	9	5	8	6	7
7	4	8	1	2	6	5	3	9
5	9	6	3	7	8	2	4	1
2	3	7	9	1	4	6	8	5
1	5	4	6	8	2	7	9	3
6	8	9	7	5	3	4	1	2
4	2	5	8	3	1	9	7	6
8	7	1	5	6	9	3	2	4
9	6	3	2	4	7	1	5	8

Puzzle 23

1	5	9	2	8	3	4	7	6
2	8	4	6	9	7	3	1	5
7	3	6	5	1	4	2	8	9
9	2	5	7	3	6	8	4	1
4	6	8	9	2	1	5	3	7
3	7	1	8	4	5	6	9	2
5	9	7	3	6	8	1	2	4
8	4	2	1	5	9	7	6	3
6	1	3	4	7	2	9	5	8

Puzzle 24

7	5	8	6	3	9	2	4	1
6	2	1	8	4	7	5	3	9
9	3	4	1	5	2	7	8	6
3	6	7	2	1	8	9	5	4
5	8	2	7	9	4	1	6	3
4	1	9	3	6	5	8	7	2
2	9	3	5	7	6	4	1	8
1	4	5	9	8	3	6	2	7
8	7	6	4	2	1	3	9	5

Puzzle 25

1	2	3	9	5	4	6	7	8
6	4	9	8	1	7	5	3	2
7	8	5	3	2	6	9	1	4
3	9	6	2	4	5	1	8	7
2	1	8	7	6	3	4	9	5
5	7	4	1	8	9	3	2	6
8	5	1	4	9	2	7	6	3
4	3	2	6	7	1	8	5	9
9	6	7	5	3	8	2	4	1

Puzzle 26

9	4	2	6	1	8	7	3	5
7	1	6	2	5	3	9	4	8
5	3	8	7	4	9	1	2	6
2	6	5	4	3	7	8	1	9
4	8	9	1	6	5	2	7	3
1	7	3	9	8	2	5	6	4
8	5	4	3	2	1	6	9	7
3	9	1	8	7	6	4	5	2
6	2	7	5	9	4	3	8	1

Puzzle 27

5	6	7	8	3	4	1	2	9
9	4	2	7	5	1	8	3	6
8	1	3	2	6	9	7	4	5
1	8	9	4	2	3	6	5	7
2	7	6	1	8	5	4	9	3
4	3	5	9	7	6	2	1	8
3	5	1	6	4	7	9	8	2
6	2	4	3	9	8	5	7	1
7	9	8	5	1	2	3	6	4

Puzzle 28

3	9	7	2	5	1	4	6	8
1	5	4	6	8	9	7	2	3
6	8	2	3	7	4	1	9	5
9	4	1	8	3	2	5	7	6
2	3	5	7	9	6	8	4	1
7	6	8	4	1	5	9	3	2
8	7	9	1	6	3	2	5	4
4	1	6	5	2	7	3	8	9
5	2	3	9	4	8	6	1	7

Puzzle 29

9	4	3	8	5	1	2	6	7
8	6	2	4	9	7	5	1	3
1	5	7	6	2	3	4	9	8
5	9	6	2	1	8	7	3	4
2	1	4	7	3	6	9	8	5
3	7	8	5	4	9	6	2	1
7	2	9	3	8	4	1	5	6
4	8	1	9	6	5	3	7	2
6	3	5	1	7	2	8	4	9

Puzzle 30

1	2	4	6	7	9	5	3	8
6	3	7	8	5	1	4	2	9
8	9	5	4	3	2	7	1	6
4	1	9	3	6	8	2	5	7
7	8	3	2	9	5	1	6	4
5	6	2	7	1	4	8	9	3
2	7	1	9	8	3	6	4	5
3	5	8	1	4	6	9	7	2
9	4	6	5	2	7	3	8	1

Puzzle 31

7	5	1	6	4	9	2	8	3
2	9	6	8	3	5	1	7	4
4	3	8	7	2	1	5	9	6
8	4	5	1	6	3	9	2	7
6	7	2	9	5	4	8	3	1
3	1	9	2	7	8	6	4	5
1	6	4	3	8	2	7	5	9
9	2	3	5	1	7	4	6	8
5	8	7	4	9	6	3	1	2

Puzzle 32

7	9	1	6	8	2	3	4	5
2	5	8	9	4	3	1	6	7
4	6	3	5	7	1	2	8	9
5	2	7	3	6	4	8	9	1
8	4	9	7	1	5	6	2	3
3	1	6	8	2	9	7	5	4
9	8	2	1	5	7	4	3	6
1	3	4	2	9	6	5	7	8
6	7	5	4	3	8	9	1	2

Puzzle 33

3	7	8	5	2	4	6	1	9
2	9	5	3	1	6	8	7	4
1	6	4	9	7	8	2	5	3
8	2	3	7	9	5	1	4	6
9	1	6	4	8	3	7	2	5
5	4	7	1	6	2	3	9	8
4	3	2	6	5	7	9	8	1
6	8	1	2	4	9	5	3	7
7	5	9	8	3	1	4	6	2

Puzzle 34

2	6	3	7	4	9	8	5	1
7	1	4	5	8	2	3	9	6
5	8	9	3	1	6	2	4	7
3	5	7	1	2	4	9	6	8
4	9	8	6	3	5	1	7	2
6	2	1	9	7	8	5	3	4
8	7	2	4	5	3	6	1	9
9	4	5	8	6	1	7	2	3
1	3	6	2	9	7	4	8	5

Puzzle 35

3	2	7	1	9	4	6	8	5
8	9	6	5	3	2	4	1	7
4	1	5	6	8	7	3	2	9
2	6	4	9	7	1	5	3	8
1	8	9	4	5	3	7	6	2
7	5	3	2	6	8	1	9	4
9	3	8	7	4	6	2	5	1
6	4	2	8	1	5	9	7	3
5	7	1	3	2	9	8	4	6

Puzzle 36

1	2	5	4	3	7	8	9	6
8	6	7	5	2	9	1	4	3
4	3	9	8	6	1	5	2	7
2	1	3	6	5	8	9	7	4
9	8	4	7	1	3	6	5	2
5	7	6	9	4	2	3	8	1
7	4	8	3	9	6	2	1	5
6	5	2	1	8	4	7	3	9
3	9	1	2	7	5	4	6	8

Puzzle 37

9	2	6	3	4	8	1	7	5
8	1	4	2	5	7	6	3	9
3	5	7	6	1	9	8	4	2
2	7	9	8	6	5	3	1	4
4	6	1	7	3	2	9	5	8
5	8	3	1	9	4	2	6	7
1	4	5	9	2	3	7	8	6
7	3	2	5	8	6	4	9	1
6	9	8	4	7	1	5	2	3

Puzzle 38

4	9	8	2	5	3	1	7	6
7	5	1	9	6	4	8	3	2
3	2	6	1	8	7	4	5	9
9	3	2	8	1	5	6	4	7
5	6	7	3	4	2	9	8	1
8	1	4	6	7	9	3	2	5
1	7	5	4	9	8	2	6	3
2	4	9	5	3	6	7	1	8
6	8	3	7	2	1	5	9	4

Puzzle 39

1	3	4	6	7	9	5	8	2
6	9	2	1	5	8	4	3	7
7	5	8	2	4	3	9	6	1
4	8	7	3	6	5	2	1	9
9	2	6	4	1	7	3	5	8
3	1	5	8	9	2	6	7	4
2	4	1	7	3	6	8	9	5
8	6	9	5	2	1	7	4	3
5	7	3	9	8	4	1	2	6

Puzzle 40

3	7	1	4	8	9	2	5	6
9	4	2	5	6	3	1	7	8
6	5	8	1	7	2	4	9	3
5	1	6	8	9	4	3	2	7
8	9	3	2	5	7	6	4	1
7	2	4	6	3	1	5	8	9
2	3	7	9	4	6	8	1	5
4	6	5	7	1	8	9	3	2
1	8	9	3	2	5	7	6	4

Puzzle 41

6	8	2	7	5	4	9	1	3
1	4	3	2	6	9	7	5	8
5	7	9	8	1	3	2	6	4
4	2	1	9	8	6	3	7	5
3	6	7	5	4	2	8	9	1
8	9	5	1	3	7	4	2	6
7	1	6	3	2	8	5	4	9
9	5	8	4	7	1	6	3	2
2	3	4	6	9	5	1	8	7

Puzzle 42

5	4	9	2	3	6	8	1	7
3	1	6	4	7	8	2	5	9
8	2	7	1	5	9	4	3	6
6	5	8	7	2	1	9	4	3
4	9	3	8	6	5	7	2	1
1	7	2	3	9	4	6	8	5
2	8	5	6	1	7	3	9	4
9	6	4	5	8	3	1	7	2
7	3	1	9	4	2	5	6	8

Puzzle 43

5	1	8	4	2	7	3	9	6
6	7	4	3	8	9	2	1	5
9	2	3	1	6	5	7	4	8
1	9	6	7	3	4	8	5	2
3	5	7	2	1	8	9	6	4
4	8	2	9	5	6	1	7	3
7	3	9	5	4	2	6	8	1
2	6	5	8	9	1	4	3	7
8	4	1	6	7	3	5	2	9

Puzzle 44

9	4	7	8	2	1	3	6	5
3	1	2	6	9	5	4	8	7
5	8	6	3	4	7	2	1	9
4	7	1	9	5	6	8	2	3
6	2	5	4	3	8	7	9	1
8	3	9	7	1	2	6	5	4
1	9	4	2	8	3	5	7	6
2	6	3	5	7	9	1	4	8
7	5	8	1	6	4	9	3	2

Puzzle 45

8	7	9	1	2	3	5	4	6
5	4	6	7	8	9	3	1	2
2	3	1	6	4	5	9	7	8
6	5	8	9	7	4	1	2	3
7	1	2	5	3	8	6	9	4
4	9	3	2	6	1	7	8	5
1	8	5	4	9	6	2	3	7
9	2	4	3	5	7	8	6	1
3	6	7	8	1	2	4	5	9

Puzzle 46

3	8	7	1	6	4	9	2	5
6	1	4	2	5	9	3	8	7
2	5	9	7	8	3	4	1	6
4	6	8	5	9	2	7	3	1
9	7	2	3	4	1	5	6	8
5	3	1	6	7	8	2	4	9
1	4	5	8	2	7	6	9	3
8	9	6	4	3	5	1	7	2
7	2	3	9	1	6	8	5	4

Puzzle 47

7	8	2	3	9	5	6	1	4
9	1	6	4	2	8	5	7	3
4	5	3	6	7	1	9	8	2
3	2	1	7	6	9	8	4	5
5	4	9	8	1	3	2	6	7
6	7	8	5	4	2	1	3	9
1	9	7	2	8	4	3	5	6
2	3	4	1	5	6	7	9	8
8	6	5	9	3	7	4	2	1

Puzzle 48

5	6	1	3	7	2	9	4	8
7	8	2	5	9	4	3	6	1
9	4	3	8	1	6	2	7	5
2	1	7	9	8	3	4	5	6
4	3	6	2	5	7	8	1	9
8	9	5	6	4	1	7	3	2
3	5	9	4	6	8	1	2	7
6	7	4	1	2	9	5	8	3
1	2	8	7	3	5	6	9	4

Puzzle 49

1	6	8	4	7	2	9	3	5
4	2	3	9	5	1	6	7	8
9	5	7	8	6	3	4	1	2
7	8	1	2	4	9	3	5	6
5	3	4	6	1	7	2	8	9
2	9	6	3	8	5	7	4	1
3	4	5	1	9	6	8	2	7
8	1	9	7	2	4	5	6	3
6	7	2	5	3	8	1	9	4

Puzzle 50

5	4	3	1	8	6	9	7	2
6	9	1	7	5	2	4	8	3
7	2	8	3	9	4	5	6	1
2	1	7	9	4	3	8	5	6
9	3	5	6	7	8	1	2	4
8	6	4	5	2	1	7	3	9
3	8	9	2	1	7	6	4	5
4	5	2	8	6	9	3	1	7
1	7	6	4	3	5	2	9	8

Puzzle 51

9	5	6	8	4	1	3	2	7
2	8	3	9	7	5	4	6	1
4	1	7	3	6	2	5	9	8
8	9	2	4	3	6	7	1	5
1	3	4	2	5	7	6	8	9
7	6	5	1	8	9	2	4	3
6	7	9	5	1	4	8	3	2
3	4	1	7	2	8	9	5	6
5	2	8	6	9	3	1	7	4

Puzzle 52

2	9	6	4	5	7	8	1	3
1	4	8	6	9	3	7	5	2
7	3	5	8	2	1	6	9	4
5	8	9	3	6	2	4	7	1
6	1	4	7	8	5	2	3	9
3	7	2	9	1	4	5	8	6
4	2	1	5	7	9	3	6	8
9	6	7	2	3	8	1	4	5
8	5	3	1	4	6	9	2	7

Puzzle 53

3	6	1	7	8	9	5	2	4
9	7	4	2	1	5	6	3	8
8	5	2	4	6	3	1	9	7
5	3	8	1	9	4	7	6	2
6	4	9	3	7	2	8	1	5
2	1	7	6	5	8	3	4	9
7	9	3	8	4	6	2	5	1
1	2	5	9	3	7	4	8	6
4	8	6	5	2	1	9	7	3

Puzzle 54

2	9	5	3	8	6	1	7	4
3	4	1	5	9	7	8	2	6
7	6	8	1	2	4	5	3	9
8	1	6	7	5	3	4	9	2
5	7	9	2	4	8	3	6	1
4	3	2	9	6	1	7	8	5
1	5	7	6	3	2	9	4	8
6	8	3	4	1	9	2	5	7
9	2	4	8	7	5	6	1	3

Puzzle 55

2	6	7	9	8	5	3	4	1
4	3	5	6	1	2	7	8	9
9	8	1	4	7	3	5	6	2
1	9	8	7	4	6	2	5	3
5	2	4	1	3	9	6	7	8
3	7	6	5	2	8	9	1	4
6	5	3	8	9	4	1	2	7
7	4	2	3	6	1	8	9	5
8	1	9	2	5	7	4	3	6

Puzzle 56

8	3	2	1	6	9	4	5	7
1	5	9	8	7	4	2	6	3
4	7	6	5	2	3	8	9	1
3	1	8	4	9	6	7	2	5
6	9	5	2	1	7	3	8	4
7	2	4	3	5	8	9	1	6
9	8	7	6	3	5	1	4	2
5	4	1	7	8	2	6	3	9
2	6	3	9	4	1	5	7	8

Puzzle 57

3	6	1	8	7	2	4	9	5
5	4	2	6	3	9	7	8	1
9	8	7	5	4	1	3	6	2
4	7	6	9	1	5	2	3	8
2	5	9	7	8	3	1	4	6
1	3	8	4	2	6	5	7	9
6	2	3	1	9	7	8	5	4
8	1	5	3	6	4	9	2	7
7	9	4	2	5	8	6	1	3

Puzzle 58

3	2	4	8	6	1	7	9	5
9	5	1	7	4	2	6	3	8
7	6	8	3	9	5	4	2	1
8	1	9	6	3	4	2	5	7
5	7	3	1	2	9	8	4	6
6	4	2	5	8	7	3	1	9
2	9	6	4	5	8	1	7	3
1	3	5	2	7	6	9	8	4
4	8	7	9	1	3	5	6	2

Puzzle 59

2	6	4	1	7	5	9	3	8
3	8	5	2	4	9	7	6	1
9	7	1	8	3	6	5	2	4
6	3	9	4	2	1	8	5	7
5	4	2	9	8	7	6	1	3
7	1	8	6	5	3	4	9	2
4	2	6	5	1	8	3	7	9
1	9	3	7	6	4	2	8	5
8	5	7	3	9	2	1	4	6

Puzzle 60

7	3	1	4	8	5	6	9	2
9	5	6	2	7	1	4	3	8
8	2	4	3	6	9	5	7	1
1	6	9	5	2	3	7	8	4
3	4	2	8	9	7	1	5	6
5	8	7	6	1	4	9	2	3
2	1	5	9	3	6	8	4	7
6	9	3	7	4	8	2	1	5
4	7	8	1	5	2	3	6	9

Puzzle 61

1	7	2	8	5	6	9	4	3
9	6	8	1	4	3	7	2	5
4	3	5	7	9	2	1	8	6
7	8	3	4	6	5	2	9	1
6	4	1	9	2	7	5	3	8
5	2	9	3	8	1	4	6	7
2	9	7	6	1	8	3	5	4
3	5	6	2	7	4	8	1	9
8	1	4	5	3	9	6	7	2

Puzzle 62

8	1	2	9	7	4	3	6	5
9	4	6	5	3	1	8	2	7
7	5	3	8	2	6	4	9	1
4	6	5	7	9	3	1	8	2
1	2	9	6	8	5	7	3	4
3	7	8	1	4	2	9	5	6
2	9	7	4	5	8	6	1	3
6	3	4	2	1	9	5	7	8
5	8	1	3	6	7	2	4	9

Puzzle 63

5	2	6	1	7	3	9	4	8
3	1	9	8	5	4	7	2	6
7	4	8	6	2	9	5	3	1
1	9	7	3	8	6	4	5	2
2	3	4	5	9	1	8	6	7
6	8	5	7	4	2	1	9	3
4	6	3	9	1	8	2	7	5
9	7	1	2	3	5	6	8	4
8	5	2	4	6	7	3	1	9

Puzzle 64

6	1	2	4	7	5	3	9	8
9	4	5	8	3	1	2	6	7
7	8	3	9	6	2	1	4	5
3	6	8	7	4	9	5	1	2
5	9	4	1	2	3	7	8	6
1	2	7	5	8	6	4	3	9
8	5	6	3	1	7	9	2	4
2	3	9	6	5	4	8	7	1
4	7	1	2	9	8	6	5	3

Puzzle 65

8	7	2	4	3	6	9	1	5
5	9	4	7	1	2	8	3	6
1	3	6	8	9	5	4	7	2
6	1	9	2	5	3	7	8	4
3	4	5	6	8	7	2	9	1
7	2	8	9	4	1	5	6	3
2	8	7	1	6	4	3	5	9
9	5	1	3	2	8	6	4	7
4	6	3	5	7	9	1	2	8

Puzzle 66

6	3	1	2	8	5	4	9	7
9	8	7	4	3	6	5	2	1
4	5	2	9	7	1	6	3	8
5	9	3	1	6	7	8	4	2
1	2	6	8	5	4	9	7	3
7	4	8	3	2	9	1	5	6
2	1	5	6	9	3	7	8	4
8	7	4	5	1	2	3	6	9
3	6	9	7	4	8	2	1	5

Puzzle 67

6	1	3	2	9	4	7	5	8
7	4	9	5	8	6	1	3	2
5	8	2	1	7	3	6	9	4
2	6	1	9	5	7	4	8	3
4	3	5	6	2	8	9	1	7
8	9	7	3	4	1	2	6	5
9	5	4	8	1	2	3	7	6
1	2	6	7	3	5	8	4	9
3	7	8	4	6	9	5	2	1

Puzzle 68

3	9	8	2	1	7	5	6	4
7	5	2	6	4	9	1	8	3
4	6	1	8	3	5	9	2	7
5	4	6	3	7	2	8	9	1
9	8	3	1	5	6	7	4	2
1	2	7	4	9	8	3	5	6
2	3	5	7	8	4	6	1	9
8	7	4	9	6	1	2	3	5
6	1	9	5	2	3	4	7	8

Puzzle 69

8	4	3	9	7	1	2	6	5
9	5	2	6	3	8	1	4	7
6	7	1	5	2	4	3	9	8
1	8	6	2	4	9	7	5	3
2	9	4	3	5	7	6	8	1
5	3	7	8	1	6	9	2	4
7	6	8	1	9	5	4	3	2
3	1	9	4	8	2	5	7	6
4	2	5	7	6	3	8	1	9

Puzzle 70

8	9	7	1	3	6	4	2	5
2	3	5	7	4	8	9	6	1
1	4	6	9	2	5	8	3	7
5	6	9	4	8	7	2	1	3
7	8	2	3	1	9	6	5	4
4	1	3	5	6	2	7	9	8
3	5	8	2	9	4	1	7	6
9	7	4	6	5	1	3	8	2
6	2	1	8	7	3	5	4	9

Puzzle 71

6	2	9	1	3	7	8	5	4
4	1	8	5	9	6	7	3	2
3	7	5	8	4	2	9	6	1
8	6	3	4	5	1	2	9	7
9	5	1	2	7	3	4	8	6
2	4	7	9	6	8	3	1	5
5	9	6	3	2	4	1	7	8
1	3	2	7	8	5	6	4	9
7	8	4	6	1	9	5	2	3

Puzzle 72

6	8	4	9	1	2	3	5	7
1	5	9	7	8	3	2	4	6
2	3	7	6	4	5	9	8	1
9	2	8	1	5	7	4	6	3
4	7	1	3	2	6	5	9	8
3	6	5	4	9	8	1	7	2
8	4	3	2	7	9	6	1	5
5	1	6	8	3	4	7	2	9
7	9	2	5	6	1	8	3	4

Puzzle 73

4	1	2	6	8	5	7	3	9
9	6	5	4	3	7	1	2	8
7	3	8	9	1	2	6	4	5
3	2	6	7	9	4	8	5	1
1	8	9	3	5	6	2	7	4
5	7	4	1	2	8	9	6	3
8	5	1	2	7	3	4	9	6
6	9	7	5	4	1	3	8	2
2	4	3	8	6	9	5	1	7

Puzzle 74

8	4	7	5	3	6	1	9	2
5	2	1	9	7	4	8	6	3
6	9	3	1	2	8	4	7	5
1	7	6	3	9	5	2	4	8
9	3	8	2	4	1	6	5	7
4	5	2	6	8	7	9	3	1
2	6	5	7	1	9	3	8	4
3	8	9	4	5	2	7	1	6
7	1	4	8	6	3	5	2	9

Puzzle 75

4	1	8	2	5	3	9	6	7
7	9	3	1	6	4	2	8	5
6	2	5	9	8	7	4	1	3
3	4	9	5	2	8	6	7	1
8	5	1	7	9	6	3	4	2
2	7	6	4	3	1	5	9	8
1	3	2	6	7	9	8	5	4
9	8	4	3	1	5	7	2	6
5	6	7	8	4	2	1	3	9

Puzzle 76

5	8	9	4	2	3	6	1	7
2	6	3	7	5	1	4	9	8
4	1	7	6	8	9	5	2	3
9	2	8	1	4	5	7	3	6
7	3	5	8	9	6	2	4	1
1	4	6	3	7	2	8	5	9
8	5	1	2	3	7	9	6	4
3	9	4	5	6	8	1	7	2
6	7	2	9	1	4	3	8	5

Puzzle 77

9	4	1	3	6	8	2	7	5
5	6	2	1	4	7	8	9	3
8	7	3	9	2	5	4	1	6
6	3	7	2	5	9	1	8	4
1	5	9	8	3	4	7	6	2
2	8	4	7	1	6	5	3	9
3	1	6	5	7	2	9	4	8
4	9	5	6	8	1	3	2	7
7	2	8	4	9	3	6	5	1

Puzzle 78

7	8	3	4	1	2	5	9	6
2	1	5	6	8	9	3	4	7
9	4	6	5	7	3	8	2	1
4	7	8	3	5	6	2	1	9
5	9	1	2	4	8	6	7	3
6	3	2	7	9	1	4	5	8
1	2	7	8	3	5	9	6	4
8	6	9	1	2	4	7	3	5
3	5	4	9	6	7	1	8	2

Puzzle 79

4	1	5	6	8	3	7	2	9
8	7	9	1	2	4	3	6	5
2	3	6	5	9	7	4	8	1
7	8	4	9	5	6	2	1	3
3	9	2	8	7	1	5	4	6
5	6	1	3	4	2	9	7	8
9	5	7	2	1	8	6	3	4
6	2	8	4	3	9	1	5	7
1	4	3	7	6	5	8	9	2

Puzzle 80

3	1	9	4	2	6	7	5	8
7	6	4	5	1	8	9	2	3
5	8	2	7	3	9	6	4	1
8	2	1	6	4	3	5	7	9
4	7	5	8	9	1	3	6	2
9	3	6	2	5	7	1	8	4
6	4	3	1	8	5	2	9	7
2	9	7	3	6	4	8	1	5
1	5	8	9	7	2	4	3	6

Puzzle 81

5	8	7	2	9	3	1	4	6
6	2	9	7	4	1	8	5	3
1	3	4	6	5	8	2	9	7
2	1	6	8	7	4	9	3	5
8	4	3	9	6	5	7	2	1
9	7	5	1	3	2	4	6	8
7	9	8	3	2	6	5	1	4
3	5	2	4	1	7	6	8	9
4	6	1	5	8	9	3	7	2

Puzzle 82

1	4	2	3	7	8	5	6	9
8	5	9	1	4	6	7	2	3
3	7	6	5	2	9	8	1	4
4	2	1	9	5	3	6	7	8
7	6	3	8	1	4	9	5	2
9	8	5	2	6	7	3	4	1
5	1	8	7	9	2	4	3	6
2	3	4	6	8	5	1	9	7
6	9	7	4	3	1	2	8	5

Puzzle 83

5	9	7	8	2	6	4	3	1
6	3	8	4	5	1	2	9	7
4	1	2	9	3	7	5	8	6
7	2	6	3	4	9	1	5	8
3	8	9	5	1	2	6	7	4
1	5	4	6	7	8	3	2	9
9	6	5	2	8	4	7	1	3
8	7	3	1	6	5	9	4	2
2	4	1	7	9	3	8	6	5

Puzzle 84

1	6	5	4	2	8	9	3	7
7	4	9	3	1	6	5	8	2
8	3	2	5	9	7	6	1	4
9	1	7	8	3	5	2	4	6
5	8	4	7	6	2	3	9	1
3	2	6	9	4	1	7	5	8
4	7	8	2	5	9	1	6	3
6	5	3	1	7	4	8	2	9
2	9	1	6	8	3	4	7	5

Puzzle 85

4	1	2	8	9	3	5	7	6
6	5	8	7	4	2	3	1	9
3	9	7	1	5	6	8	2	4
8	6	9	2	1	7	4	5	3
5	2	3	4	6	9	1	8	7
7	4	1	3	8	5	9	6	2
2	8	4	6	3	1	7	9	5
1	7	5	9	2	4	6	3	8
9	3	6	5	7	8	2	4	1

Puzzle 86

9	6	5	7	2	8	4	3	1
2	8	1	3	5	4	9	7	6
3	4	7	9	6	1	8	2	5
8	3	4	1	9	2	6	5	7
5	9	2	8	7	6	3	1	4
7	1	6	4	3	5	2	8	9
4	2	8	6	1	7	5	9	3
6	7	3	5	8	9	1	4	2
1	5	9	2	4	3	7	6	8

Puzzle 87

3	1	7	5	4	2	9	8	6
4	5	2	6	9	8	3	7	1
6	9	8	1	7	3	2	5	4
2	4	9	7	5	1	6	3	8
7	8	6	9	3	4	5	1	2
5	3	1	8	2	6	4	9	7
9	2	3	4	1	7	8	6	5
8	7	5	2	6	9	1	4	3
1	6	4	3	8	5	7	2	9

Puzzle 88

2	8	4	1	6	7	3	5	9
5	9	6	3	8	2	1	7	4
7	3	1	4	5	9	8	2	6
6	5	9	7	4	1	2	3	8
1	7	8	2	3	6	9	4	5
4	2	3	5	9	8	7	6	1
9	4	7	6	1	3	5	8	2
8	6	2	9	7	5	4	1	3
3	1	5	8	2	4	6	9	7

Puzzle 89

6	7	5	9	1	3	8	2	4
4	2	3	5	7	8	6	1	9
9	1	8	2	6	4	5	3	7
8	9	4	3	2	7	1	6	5
5	3	2	6	9	1	4	7	8
7	6	1	4	8	5	3	9	2
1	5	9	8	3	2	7	4	6
2	4	7	1	5	6	9	8	3
3	8	6	7	4	9	2	5	1

Puzzle 90

6	2	8	3	7	9	1	4	5
7	9	5	1	8	4	6	3	2
3	1	4	5	2	6	8	7	9
1	6	3	9	5	8	4	2	7
2	8	9	6	4	7	5	1	3
4	5	7	2	1	3	9	6	8
5	4	1	7	9	2	3	8	6
9	7	6	8	3	1	2	5	4
8	3	2	4	6	5	7	9	1

Puzzle 91

6	9	4	2	8	5	1	3	7
2	1	3	9	6	7	4	8	5
5	8	7	3	1	4	2	9	6
1	7	9	6	4	8	3	5	2
8	6	5	7	3	2	9	4	1
4	3	2	1	5	9	7	6	8
9	5	8	4	2	1	6	7	3
7	2	6	8	9	3	5	1	4
3	4	1	5	7	6	8	2	9

Puzzle 92

2	6	8	1	4	9	3	7	5
7	4	3	6	8	5	9	2	1
5	1	9	2	3	7	8	4	6
4	8	2	9	1	3	5	6	7
9	7	6	8	5	4	2	1	3
3	5	1	7	6	2	4	8	9
8	9	7	3	2	1	6	5	4
1	2	5	4	9	6	7	3	8
6	3	4	5	7	8	1	9	2

Puzzle 93

6	5	8	7	9	2	3	4	1
2	4	7	3	6	1	9	5	8
3	1	9	8	5	4	7	6	2
7	6	2	4	3	9	1	8	5
1	8	5	2	7	6	4	3	9
4	9	3	5	1	8	6	2	7
5	3	6	9	2	7	8	1	4
8	7	1	6	4	5	2	9	3
9	2	4	1	8	3	5	7	6

Puzzle 94

6	5	7	2	9	3	8	4	1
4	2	3	1	6	8	7	5	9
9	8	1	4	5	7	6	2	3
7	9	8	5	1	6	4	3	2
5	1	4	7	3	2	9	8	6
2	3	6	9	8	4	1	7	5
1	7	2	3	4	9	5	6	8
3	6	9	8	7	5	2	1	4
8	4	5	6	2	1	3	9	7

Puzzle 95

3	1	9	8	7	4	2	6	5
6	4	8	2	3	5	1	9	7
7	2	5	6	1	9	3	8	4
1	9	4	5	6	3	8	7	2
8	7	6	1	4	2	5	3	9
2	5	3	7	9	8	4	1	6
5	6	7	3	2	1	9	4	8
9	3	2	4	8	6	7	5	1
4	8	1	9	5	7	6	2	3

Puzzle 96

7	3	2	1	5	6	4	8	9
6	4	9	2	7	8	3	5	1
5	8	1	9	4	3	6	2	7
4	1	8	7	2	5	9	6	3
2	7	5	3	6	9	8	1	4
3	9	6	4	8	1	5	7	2
8	2	4	5	9	7	1	3	6
1	5	7	6	3	4	2	9	8
9	6	3	8	1	2	7	4	5

Puzzle 97

3	8	6	4	7	2	1	9	5
7	1	4	6	9	5	8	2	3
9	2	5	3	1	8	4	7	6
1	3	2	7	4	9	5	6	8
8	4	7	1	5	6	2	3	9
6	5	9	8	2	3	7	1	4
5	7	3	9	8	1	6	4	2
4	6	8	2	3	7	9	5	1
2	9	1	5	6	4	3	8	7

Puzzle 98

9	6	5	7	2	8	1	4	3
8	1	2	6	4	3	9	5	7
4	7	3	5	1	9	2	6	8
2	5	4	3	6	7	8	9	1
6	3	1	9	8	4	7	2	5
7	9	8	1	5	2	6	3	4
1	4	6	8	9	5	3	7	2
3	2	9	4	7	1	5	8	6
5	8	7	2	3	6	4	1	9

Puzzle 99

5	8	3	4	7	9	6	2	1
2	6	7	1	3	8	9	4	5
9	1	4	2	5	6	8	3	7
6	9	1	5	2	3	4	7	8
4	7	2	8	9	1	3	5	6
3	5	8	6	4	7	2	1	9
8	3	5	7	6	2	1	9	4
1	4	9	3	8	5	7	6	2
7	2	6	9	1	4	5	8	3

Puzzle 100

2	7	1	8	4	3	6	5	9
9	5	4	2	1	6	7	3	8
8	6	3	9	7	5	2	4	1
6	3	7	4	5	9	8	1	2
5	8	2	6	3	1	9	7	4
4	1	9	7	8	2	5	6	3
7	4	6	1	2	8	3	9	5
1	2	5	3	9	7	4	8	6
3	9	8	5	6	4	1	2	7

www.ingramcontent.com/pod-product-compliance
Lightning Source LLC
Chambersburg PA
CBHW070818220526
45466CB00002B/706